COPIE DU MÉMOIRE

ADRESSÉ

le 22 avril 1861

A M. le Secrétaire perpétuel

DE L'ACADÉMIE IMPÉRIALE DE MÉDECINE, SUR LA GUÉRISON DES PLAIES ET BLESSURES AU MOYEN DES PHÉNATES ALCALINS SOLUBLES.

Monsieur,

Convaincu d'avoir trouvé un nouveau topique infaillible pour la prompte *guérison des blessures* produites par les instruments tranchants, contondants ou percutants, j'ai l'honneur de vous adresser les deux mémoires que j'ai présentés aux *Académies des sciences* et *de médecine* à ce sujet.

Si vous pensez qu'il soit utile, dans l'intérêt général, de faire connaître le résultat de mes travaux, je vous serai très-reconnaissant de la publicité que vous voudrez bien leur donner.

Agréez, Monsieur, l'assurance de ma considération distinguée.

Paris, le 7 mai 1861.

BOBŒUF,
81, faubourg Saint-Denis.

Monsieur le Président,

L'Académie des sciences, dans sa séance du 25 *mars dernier*, consacrée à la distribution des prix et encouragements divers qu'elle a jugé convenable de décerner, a bien voulu m'accorder une somme de 1,000 fr. à titre d'encouragement pour les divers mémoires que j'avais eu l'honneur de lui envoyer, relatifs à la production rapide et économique des produits simples ou dérivés (notamment de l'acide *phénique* et *picrique* commercial), que l'on peut obtenir de la distillation des *goudrons de houille*, ainsi que pour les applications raisonnées de ces divers produits.

Qu'il me soit permis, monsieur le président, au moment où toutes les nations de l'Europe vont peut-être employer contre elles tous les moyens de *destruction* que la science a perfectionnés, de venir signaler les moyens de *conservation* et de *guérison* que la même science peut offrir, et appeler l'attention la plus sérieuse de l'Académie sur les propriétés *curatives* remarquables que possèdent, à l'état *de sels alcalins surtout* : l'acide *phénique*, ainsi que toutes *les huiles acides saponifiables* analogues ou homologues de l'acide phénique, obtenus de la distillation des goudrons de houille, pour la guérison des *blessures vives*, provenant soit de *coup de feu*, d'*armes blanches* ou de toute autre cause, guérison que les dissolutions alcalines de ces huiles acides opèrent en *arrêtant* promptement les *hémorragies, resserrant les tissus lésés, empêchant la putréfaction* et en *rendant* presque instantanément INSENSIBLES *les lèvres des blessures occasionnées.*

L'intérêt avec lequel, en 1859, l'Académie de médecine et l'Académie des sciences ont accueilli les communications qui leur étaient faites au sujet du *coaltar;*

Les discussions vives et animées qui ont eu lieu dans les deux assemblées pour affirmer ou révoquer en doute les effets curatifs, antiputrides et désinfectants des *goudrons de houille mélangés au plâtre,* me font espérer que l'Académie voudra bien également accueillir avec intérêt les remarques et observations que je vais avoir l'honneur de lui présenter sur les résultats remarquables que l'on peut obtenir au moyen des *dissolutions des phénates alcalins,* résultats bien autrement *constants* et *certains* que ceux que l'on peut obtenir au moyen seulement des goudrons.

Lorsque MM. *Corne* et *Demeaux* vinrent faire connaître les résultats extraordinaires qu'ils affirmaient pouvoir être obtenus au moyen du *coaltar* (expression anglaise employée par eux, je ne sais pourquoi, pour désigner le *goudron de houille*), et que leurs communications étaient l'objet d'ardentes affirmations et de dénégations non moins vives, j'adressai à ce sujet à l'Académie des sciences, à la date des 9 *septembre* et 15 *décembre* 1859, deux mémoires dont elle prit communication dans ses séances des 19 *décembre* 1859 *et* 9 *juillet* 1860.

Dans le premier mémoire, dont l'Académie n'a pris connaissance que dans sa séance du 9 *juillet* 1860 (voir les comptes-rendus de l'Académie, tome LI, page 61), mémoire que j'ai l'honneur d'adresser à l'Académie de médecine, en triple exemplaire, je démontrais logiquement, je crois, que l'invention de MM. Corne et Demeaux ne méritait ni les louanges empressées, ni le blâme absolu dont elle avait été l'objet. — Les louanges :

Parce que MM. Corne et Demeaux venaient signaler comme *agents constants* de résultats déterminés une substance multiple composée d'éléments *variables* et *inconstants.*

Je démontrais que les goudrons de houille pouvaient varier et *variaient* sans cesse de nature et de composition, suivant la nature des houilles distillées et suivant les modes divers de distillation employés.

Qu'en conséquence :

Il ne fallait point exalter aussi haut les propriétés de substances qui, pouvant constamment varier de nature, devaient aussi donner constamment des résultats incertains ou inattendus. — Le blâme :

Parce que les goudrons de houille pouvaient, dans des circonstances données, réaliser les effets signalés en vertu de propriétés particulières étrangères aux agents thérapeutiques qu'on leur assimilait et en faveur desquels on réclamait l'antériorité. — Ceci posé :

J'examinais alors la composition générale des goudrons de houille et démontrais qu'ils étaient toujours la réunion de substances solides et liquides agglomérées ensemble ;

Que les substances solides n'étaient autres que du charbon et divers corps résinoïdes remplissant le rôle d'enveloppe et de récipient à diverses huiles essentielles que l'on pouvait ensuite extraire par une distillation ultérieure ;

Que ces huiles essentielles de *natures diverses* étaient elles-mêmes la réunion de plusieurs carbures d'hydrogène liquides se subdivisant en *huiles essentielles acides* et en huiles essentielles *neutres* ;

Que les huiles essentielles *acides* (parmi lesquelles se trouvait l'acide phénique décrit par Runge et Laurent, $C^{12} H^6 O^2$) pouvaient, comme tous les acides, former avec les alcalis caustiques des sels parfaitement définis, ou se transformer en nouveaux acides dérivés par substitution, sous l'influence de l'acide azotique, par l'échange de trois de leurs molécules d'hydrogène, contre trois molécules d'azote de l'acide réagissant ;

Que les huiles essentielles *neutres* (qui forment les quatre cinquièmes environ de la masse totale des huiles essentielles) différaient des huiles acides (quoiqu'ayant néanmoins souvent avec elles des propriétés générales), tant par d'autres propriétés particulières que par leur état naturel.

Déniant alors aux substances solides (charbon et corps résinoïdes) les vertus curatives signalées, je soutenais qu'elles résidaient toutes dans les huiles essentielles qu'elles contenaient et j'affirmais que, parmi les huiles essentielles, les *huiles acides seules* possédaient les propriétés thérapeutiques signalées.

Ces allégations admises comme véritables par moi, je prouvais qu'il était irrationel alors d'ordonner de se servir de *matières premières de composition variable*, pouvant souvent ne pas contenir la substance curative nécessaire, et bien plus logique, au contraire, d'extraire *l'agent thérapeutique actif* partout où il se trouvait, afin de pouvoir ensuite l'employer dans des conditions toujours identiques.

Mais alors je prouvais, par la prise des brevets obtenus par moi en 1857 et 1858 (brevets que je prends la liberté d'adresser également en triple exemplaire à l'Académie), que, bien avant MM. Corne et Demeaux, *j'avais signalé à la médecine toutes les vertus curatives* des substances nouvelles que j'avais étudiées, et qu'en conséquence MM. Corne et Demeaux, loin d'être des inventeurs, n'étaient que d'inhabiles ou d'involontaires plagiaires.

Pour éviter alors qu'on ne pût m'appliquer la même épithète, je signalai qu'avant moi on avait, à la vérité, reconnu à *l'acide phénique* et à la *créosote* (de créas sotzo qui signifie : *je conserve la chair*) la propriété de conserver les substances animales inertes. — Mais,

J'affirmai qu'en employant ces diverses substances dans leur état naturel, c'est-à-dire à l'état *d'huiles essentielles acides* ; loin de pouvoir arriver à guérir les blessures, on ne ferait au contraire que les aggraver, à cause de la *causticité énergique* inhérente auxdites huiles.

J'appelai alors de *nouveau* l'attention de l'Académie sur *l'efficacité* DES SELS ALCALINS produits par TOUTES les huiles de houille SAPONIFIABLES que, le PREMIER, j'avais déjà signalés à la médecine et dont je recommandais ardemment l'emploi, en faisant connaître que ces *sels alcalins* jouissaient des mêmes *propriétés curatives, antiputrides* et *désinfectantes*, que les huiles acides elles-mêmes, *sans avoir* AUCUNS DE LEURS INCONVÉNIENTS.

— 4 —

Tel était le but du premier mémoire présenté par moi à l'Académie des sciences.

Le second mémoire (que j'ai l'honneur d'adresser également en triple exemplaire à l'Académie) avait pour but d'indiquer les modes d'extraction des *huiles acides saponifiables*, ainsi que celle de *l'acide phénique*, les plus prompts et les plus économiques, en indiquant leurs applications diverses à *l'embaumement*, au *tannage*, à la *désinfection*, à la *guérison des blessures* et à la *production de l'acide picrique*.

§

Quelle raison scientifique puis-je donner à l'Académie pour justifier la *supériorité* des dissolutions des *sels alcalins* produits par les huiles de houille sur l'emploi des *huiles acides* elles-mêmes?

Quelle preuve concluante de leur efficacité puis-je présenter à l'appui de mes allégations ?

La raison scientifique, c'est que :

1° *Toutes les dissolutions des sels alcalins solubles* (de potasse ou de soude — de *soude* de préférence par raison d'économie) obtenues au moyen des huiles acides essentielles de *houille*, de *tourbe* ou de *bois*, précipitent l'*albumine* avec la même énergie que les huiles acides elles-mêmes, sans avoir l'inconvénient *de léser* les parties malades sur lesquelles on les applique; et :

2° Que ces dissolutions ont la propriété de resserer et *souder ensemble tous les pores des tissus* qui durcissent constamment et forment ensuite une espèce de cuir qui intercepte le contact de l'air.

La découverte de cette propriété *tannante* des phénates alcalins n'a été faite par moi qu'après d'assez longs travaux.

Chaque fois que je traitais des huiles de houille (500 kil.) par la soude caustique à 36° (100 kil.) pour m'emparer des huiles acides de houille destinées à être transformées en acide picrique, la peau de mes mains devenait *dure*, *luisante*, et mes doigts *gonflaient* pendant toute la journée et surtout la nuit (sans douleur néanmoins). Ce gonflement ne disparaissait ensuite que lorsque toute ma peau s'était fendillée en mille endroits et qu'une peau nouvelle se reformant faisait tomber ou permettait d'enlever l'ancienne.

Les fragments de cette peau avaient alors l'aspect et la dureté du cuir.

Frappé de cette particularité, je me mis à rechercher qu'elle était celle des substances traitées qui pouvait produire cet effet.

Les huiles ordinaires de houille, bien qu'astringentes, ne le produisant pas, j'essayai séparément ensuite les huiles neutres : je n'obtins rien. Je pris les *huiles acides;* elles me corrodèrent vivement les tissus. Pendant six mois je cherchai, et je désespérais de réussir, lorsqu'un jour qu'il ne m'était loisible que de soutirer les *dissolutions alcalines* que j'avais faites la veille, je me hâtai de sortir aussitôt ensuite.

Pendant la nuit, mes mains gonflèrent !

Ma substance tannante était trouvée !

C'étaient les phénates alcalins seuls qui m'avaient si bien tanné jusque là !!!

Je me mis alors à faire mille expériences sur les viandes que je trempais dans des phénates de soude à différents degrés (1, 2, 3,

4, 5) et j'obtins constamment la conservation de ces substances en les exposant ensuite à l'air.

Telles sont les raisons que j'ai à donner pour justifier la *supériorité* des *dissolutions alcalines* des huiles acides essentielles de houille, etc., comme substances conservatrices, sur l'emploi des huiles acides elles-mêmes.

Quant aux preuves de leur *efficacité*, je n'en ai pas d'autres à donner que celles de deux expériences *faites sur moi-même*.

La première, en arrêtant presqu'instantanément l'hémorragie d'une *coupure profonde* que je m'étais faite à l'index par le bris d'une tourie en grès (ce fait, s'il était isolé, serait loin d'être une preuve suffisante).

La seconde, en arrêtant également au bout de *trois minutes* l'hémorragie causée par la section de deux *artérioles* produite par le bris d'une éprouvette en verre qui m'était entrée dans la région palmaire de la main droite.

Cet accident m'arriva en présence de M. *Mallet*, directeur des goudrons de la Compagnie Parisienne, dans l'usine de qui je démontrais la fabrication de l'acide phénique commercial et de l'acide picrique.

Mon sang coulait avec une abondance extraordinaire et de couleur carmin par une large section d'un centimètre et demi au moins de profondeur. J'affirmai alors à M. Mallet qu'en moins de trois minutes j'allais arrêter mon hémorragie, ce que je fis en appliquant successivement sur ma blessure *trois compresses pliées en quatre doubles* et trempées préalablement dans un phénate de soude marquant 5 *degrés* au pèse-acide Beaumé.

Cinq minutes après avoir enveloppé ma main, je travaillais de nouveau et continuai les jours suivants, sans éprouver aucune inflammation.

Une demi-heure après l'accident, je pouvais appuyer du doigt sur les lèvres de ma blessure qui étaient devenues *blanches*, sans éprouver de douleur, et huit jours ensuite j'étais entièrement guéri.

Pour moi, il est évident aujourd'hui que les phénates de soude à 5 *degrés* peuvent parfaitement arrêter les hémorragies produites par la section des artérioles.

Seraient-ils aussi efficaces pour arrêter celles produites par la rupture d'une artère ?

Je le pense, mais je ne puis l'affirmer, n'ayant pu avoir, jusqu'à ce jour, l'occasion de vérifier ce fait.

L'Académie pourra faire faire des expériences à ce sujet en priant les opérateurs de suivre les prescriptions suivantes :

MOYENS A EMPLOYER POUR ARRÊTER LES HÉMORRAGIES ET GUÉRIR LES BLESSURES PRODUITES SOIT PAR DES INSTRUMENTS TRANCHANTS OU PERCUTANTS.

Si l'hémorragie ou la blessure est produite par un instrument tranchant, prendre des compresses en *quatre doubles*, les tremper dans une *dissolution alcaline de phénate de soude à 5 degrés*, obtenue en traitant les *huiles de houille brutes*, ainsi que je vais l'indiquer ensuite, et en appliquer d'abord une sur la plaie (cette application ne fait *aucun mal* et *ne produit aucune irritation*), serrer la compresse et l'imbiber encore par-dessus de la dissolution alcaline au moyen d'un pinceau.

Si le sang la transperce, *appliquer une nouvelle compresse en quatre doubles* bien imbibée, la serrer également et passer le pinceau dessus.

Il sera rare qu'une hémorragie quelle qu'elle soit ne soit pas arrêtée à la quatrième compresse.

L'effet produit sera celui-ci :

Le sang qui s'échappe, se *coagulera* au contact du phénate alcalin contenu dans la première compresse, en formant un *précipité noir*.

Si la quantité de phénate de soude contenue dans les quatre doubles de la première compresse n'est pas suffisante pour coaguler toute l'albumine du sang qui s'écoule, la seconde, troisième ou quatrième etc. compresse, seront suffisantes pour obtenir ce résultat. L'albumine formera alors un corps solide qui arrêtera l'hémorragie soit par sa coagulation, soit par la contraction des tissus au contact de la dissolution alcaline.

Si l'hémorragie provenait d'une perforation des chairs, produite par un coup de bayonnette ou par une balle, etc., injecter, au moyen d'une seringue, de la même dissolution alcaline deux ou trois fois de suite d'abord, puis remplir la plaie de charpie trempée dans la même dissolution.

Que *les soldats* aient chacun une petite fiole de phénate de soude, ils pourront mutuellement se panser aussitôt les blessures reçues et éviter ainsi la perte presque toujours mortelle de leur sang (1).

Trois ou quatre heures après la suspension de l'hémorragie, ne pas oublier d'enlever, en les décollant doucement, *toutes les com—*

---

(1) NOTA. — Dans le cas où les soldats ou l'ambulance de l'armée n'auraient ni phénate de soude ni aucune huile essentielle, ni coaltar, ils pourront se fabriquer *instantanément* une eau *antiputride* de la manière la plus simple en prenant une *pipe en terre* (neuve, si c'est possible, mais *passée au feu* préalablement si elle était imprégnée de jus de tabac), la bourrant avec *du papier*, de la *charpie* ou des chiffons propres de toile ou de coton en place de tabac ; aspirant la fumée et en L'INJECTANT ensuite à l'aide d'un tuyau de pipe neuve dans une bouteille remplie aux trois quarts d'eau.

Avant d'insuffler cette fumée de papier dans l'eau au moyen du tuyau de pipe, on devra avoir soin de plonger un des bouts du tuyau le plus profondément possible dans l'eau, et agiter la bouteille après chaque insufflation, en bouchant l'orifice du doigt, afin que les huiles essentielles contenues dans la fumée puissent se dissoudre dans l'eau au moyen de l'agitation opérée.

Ce moyen est le plus simple pour se procurer immédiatement des *dissolutions aqueuses d'huiles essentielles de bois,* éminemment *antiputrides*.

La quantité d'huiles essentielles produite par la fumée du papier remplissant la pipe, sera suffisante pour communiquer à l'eau toutes les qualités des dissolutions aqueuses des huiles essentielles que j'ai signalées dans mes brevets.

Je suis persuadé que *la fumée de tabac* elle-même doit être efficace, malgré qu'elle contienne de la nicotine et soit privée d'acide phénique et de créosote ; mais n'en ayant point encore fait l'essai, je n'ose la recommander.

Les soldats sauront promptement à quoi s'en tenir à ce sujet.

presses superposées sur la première, attendu que le sang coagulé dont elles sont imprégnées devient d'une *dureté extraordinaire* lorsqu'il est sec et qu'il est alors impossible de retirer séparément ces compresses, qui adhèrent toutes ensemble avec une ténacité telle qu'on ne peut plus les enlever qu'en les laissant longtemps tremper dans l'eau tiède.

MANIÈRE DE PRÉPARER LES PHÉNATES ALCALINS.

Prendre *des huiles brutes* de houille (celles de tourbe ou de bois sont également bonnes) *légères* ou *lourdes*, les bien agiter à froid ou à une douce chaleur, avec *le sixième de leur poids de soude caustique à 36 degrés*, verser ensuite ces huiles bien agitées dans un entonnoir ou tout autre vase qui soit muni d'un robinet à sa partie inférieure et laisser reposer le mélange pendant au moins deux heures (si on n'est pas pressé, les laisser douze heures); il se forme alors *deux couches* distinctes : l'une *épaisse, noire, visqueuse* presque comme du sirop et qui vient occuper le fond du vase : c'est *le phénate de soude*. (J'appelle conventionnellement *phénate*, cette combinaison de toutes les *huiles acides* avec les alcalis, parce que parmi ces huiles acides se trouve l'acide phénique.)

Soutirer, en ouvrant le robinet, ce phénate qui coulera lentement jusqu'à ce qu'on soit arrivé à la seconde couche formée par les huiles neutres, et que l'on reconnaît vite à sa fluidité et à sa limpidité.

Si la soude est bien saturée par les huiles acides, le phénate ne doit peser que 15 à 16 degrés au pèse-acide Beaumé. S'il marquait 20 ou 25 degrés, il y aurait excès de base, il faudrait alors le réagiter avec un *nouveau et même poids d'huiles* brutes de houille, afin d'être sûr d'obtenir un sel neutre.

Verser ensuite de l'eau dans le phénate jusqu'à ce qu'il ne marque plus que 10 *degrés* au pèse-acide Beaumé.

Il se formera de nouveau *deux couches* :

La couche inférieure sera encore celle du nouveau phénate de soude, et la couche supérieure, une huile épaisse qui *se reconstitue sous l'influence de l'eau*.

Soutirer le nouveau phénate pour s'en servir ensuite au besoin, en l'additionnant d'eau pour l'abaisser au degré voulu.

L'huile qui s'est reconstituée par l'addition d'eau est un composé d'*huiles acides*, d'*huiles neutres* et de *naphtaline* réunies, on pourra s'en servir pour faire de nouveaux phénates alcalins, en traitant quatre parties de cette huile par une de *soude caustique*, en les agitant, soutirant, etc., comme le premier phénate.

Il ne surnagera plus alors, après l'addition d'eau, que la naphtaline qui se trouvait en dissolution parmi les huiles acides.

Comme l'Académie peut en juger, rien n'est plus simple et plus facile à faire que le phénate de soude breveté par moi, et chacun peut l'obtenir avec la plus grande facilité.

J'ose espérer que l'Académie voudra bien accueillir avec bienveillance les communications que j'ai l'honneur de lui adresser et jugera peut-être utile de nommer une commission chargée de faire des expériences qui puissent la mettre à même d'en apprécier la valeur.

Agréez, etc.

BOBŒUF,
81, faubourg Saint-Denis.

—

Copie du mémoire adressé a la date du 9 septembre 1859, a M. CHEVREUL, rapporteur de la commission nommée par l'Académie des sciences, pour examiner le nouveau topique (coal-tar), proposé par mm. CORNE ET DEMEAUX, pour la guérison des blessures, etc.

Paris, 9 septembre 1859.

Monsieur le rapporteur,

Ce n'est que depuis quelque temps seulement que j'ai appris que de sérieuses discussions, relatives à l'admission proposée d'un nouveau topique (celui de la poudre du coal-tar) avait captivé l'attention de l'Académie pendant plusieurs séances.

Occupé depuis huit ans de l'examen des propriétés et des applications spéciales des huiles essentielles en général et en particulier des huiles de houille, de tourbe, de bois et de schistes ; *breveté*, en outre, depuis *le 15 juillet* 1857, pour des procédés de *conservation* et de *désinfection* identiques a ceux de M. Corne et Demeaux, permettez-moi de venir vous faire part de mes recherches et de mes travaux antérieurs, afin que, mieux éclairée peut-être par les nouveaux documents que je vais donner, la commission, dont vous êtes l'honorable et savant rapporteur, puisse se former une opinion plus complète et se prononcer ensuite avec plus d'autorité sur le mérite réel des travaux de chacur.

L'exposé des résultats curatifs de la nouvelle invention et la proposition de son emploi approuvé en médecine, a provoqué au sein de l'Académie et de la science de vives approbations, des restrictions motivées et des critiques sérieuses de la part des médecins, des chimistes et des savants.

En présence de cette diversité d'opinions, qu'il me soit permis de venir exposer aussi mes idées à ce sujet.

La poudre de MM. Corne et Demeaux, composée de 97 à 99 parties de plâtre et de 1 à 3 de coal-tar (expression anglaise employée, je ne sais pourquoi, par les inventeurs pour désigner le goudron de houille qui cependant est cosmopolite) guérit-il et guérira-t-il toujours ? Désinfecte-t-il et désinfectera-t-il toujours ?

Oui et non.

Oui, le coal-tar guérira tant que ses éléments constitutifs seront dans des proportions déterminées et constantes.

Non, il ne guérira pas ou déterminera des perturbations si ces éléments varient et se trouvent en trop minime ou trop grande quantité, car :

En vertu de quel principe agit le coal-tar ?

En vertu *des huiles essentielles* que contiennent les goudrons de de houille qui, comme presque toutes les huiles essentielles, ont plus ou moins la propriété d'arrêter la décomposition des substances animales soit en *ozonisant* l'air (suivant M. Schœnbein), soit de toute autre manière, et non assurément en vertu seulement du charbon et des résines du goudron qui ne servent que de récipient aux huiles.

Quelle est, parmi les huiles essentielles de la houille, *celle* ou *celles* qui ont le plus de vertu conservatrice et antiputride?

Suivant M. Calvert (et il présente à cet égard de judicieuses observations) ce serait à *l'acide phénique* qu'il faudrait l'attribuer.

Suivant moi (et je me trouve ici d'accord en partie avec M. Calvert), ce serait à *toutes les huiles essentielles saponifiables* (parmi lesquelles se trouve l'acide phénique) qui se trouvent dans les huiles essentielles diverses.

Or :

En supposant d'abord que ce soit en vertu de l'acide phénique, ou des huiles essentielles saponifiables que la décomposition des substances animales soit arrêtée ou modifiée, il ressort des documents exacts donnés par M. Calvert sur la nature diverse des houilles, que toutes les houilles sont loin d'être composées des mêmes éléments et qu'alors que les unes donneront à l'analyse 14 0/0 d'acide phénique, certaines autres en fourniront beaucoup moins et d'autres enfin n'en contiendront pas *du tout*.

La même différence existera également alors pour les huiles essentielles saponifiables qui accompagnent toujours l'acide phénique et qui pourront également être absentes.

En supposant au contraire que l'acide phénique et les huiles essentielles saponifiables ne soient pas le principe actif de la suspension ou de la modification de la putréfaction, et que ce soit au contraire les huiles insaponifiables qui en soient les agents principaux, la formule du topique de M. Corne et Demeaux en sera-t-elle plus rationnelle?

Non, car il est facile de démontrer que ces huiles insaponifiables peuvent subir et subissent à leur tour des modifications profondes, et que la poudre de M. Corne et Demeaux après avoir guéri merveilleusement pendant quelque temps, pourrait aussi finir ensuite par ne plus guérir du tout.

L'eau de goudron, on le sait, a eu également d'abord un succès d'enthousiasme immense, puisqu'elle avait la réputation de guérir même les jambes cassées (il est vrai qu'elles étaient de bois), puis ensuite on n'en a plus parlé.

A-t-elle succombé sous les attaques du sarcasme ou a-t-elle rendu les derniers soupirs à l'hôpital sous les étreintes d'une maladie héréditaire incurable, qui serait commune à tous les goudrons?

Mon opinion est pour la dernière hypothèse, en voici la raison :

Tous les goudrons de même provenance et de même nature, sont loin d'être constamment identiques et varient sans cesse de richesse et de composition, suivant la nature d'abord des houilles ou des bois, et ensuite suivant le mode et le degré de chaleur employés dans les distillations pour en extraire les produits primitifs. Un exemple, basé sur des faits que l'on pourra vérifier dans les usines du Gàz parisien, sises à la gare d'Ivry et à la Villette, le fera mieux comprendre.

1,800 kilog. de goudron de houille de Paris donnent à la distillation 80 *kilog. seulement* d'huiles légères de houille, tandis que 1,800 kilog. de goudron provenant de la barrière Fontainebleau en rendent 100 kilog., et que 1,800 kil. de goudron venant de Chartres en produisent au contraire 150 à 160 kilog.

Comme on le voit, la différence est grande, d'où provient-elle ?

Elle provient soit des appareils distillatoires mieux appropriés, soit de l'intelligence plus grande ou du feu plus continu ou plus intense employé dans les usines à gaz pour en expulser ou transformer les éléments de la houille en gaz par la distillation, circonstances qui font que : alors que Paris produit 100 de gaz avec une quantité donnée de houille ; Fontainebleau n'en obtient que 80, et Chartres 50 ; aussi les huiles contenues dans la houille de Chartres, ayant été moins décomposées par la chaleur que celles de la houille de Paris, il s'en est suivi que les goudrons produits alors par la houille de Chartres, sont restés beaucoup plus riches en huiles de houille que ceux de Paris.

Les progrès qui s'accomplissent tous les jours dans l'industrie, qui assurément ne retournera pas en arrière, ne pourront donc que rendre de jour en jour les goudrons de houille de moins en moins propres à obtenir des résultats constants.

Les goudrons de bois, qui sont aussi un des produits résidus de la distillation du bois, éprouvent les mêmes variations et c'est probablement à cause de ces effets variés produits par l'eau de goudron, qu'ensuite on aura renoncé à son emploi comme donnant des résultats trop incertains et quelquefois contraires.

MM. Corne et Demeaux, en venant ordonner de prendre une quantité déterminée de goudron de houille et de plâtre, ont donc prescrit des quantités *incertaines* qui pourront, par exemple, produire des effets salutaires quand les goudrons seront maigres, ou déterminer de graves inflammations lorsque ces goudrons seront riches en huiles, et *vice versâ*.

Je n'ai même besoin, pour appuyer mes allégations, que d'invoquer la lettre qu'ont publiée MM. Corne et Demeaux dans le *Moniteur des Sciences* du 1er septembre, et qu'ils viennent de renouveler dans la *Gazette des Hôpitaux* du 6 septembre, lettre par laquelle ils préviennent le public que de *mauvaises poudres de Coal-tar* sont fabriquées et vendues par diverses personnes, et qu'ils ne répondent que de celle préparée par M. Menier, qu'ils ont chargé du soin de sa fabrication.

Il ne faut donc pas s'étonner si tous les chimistes et beaucoup de personnes sérieuses telles que *MM. Robinet, Renault*, etc., ont cherché à résister à l'engouement général pour la nouvelle découverte et désirent, avant de donner leur approbation, que la vraie lumière soit faite à son sujet.

Quant aux propriétés désinfectantes générales que posséderait la poudre de MM. Corne et Demeaux, je n'ajouterai rien à ce qu'à dit *M. Maxime Paullet* dans un travail remarquable qu'il a fait paraître dans le journal scientifique *l'Ami des Sciences*, en date du 21 août 1859, dissertation par laquelle M. Paullet démontre clairement que le plâtre, loin d'opérer la désinfection des matières putrides, la provoque au contraire bientôt par le développement d'hydrogène sulfuré qu'il engendre, s'il n'est additionné en quantité suffisante pour dessécher de suite les substances, mais qu'alors il faut le mettre en telle abondance qu'il double les volumes et rend presque inerte un engrais énergique en produisant un encombrement tel que son emploi devient illusoire en pratique ;

Il démontre en outre qu'avant M. Corne, *M. Siret* s'était déjà fait breveter *en* 1840 pour une préparation désinfectante, composée de 150 parties de plâtre, de 5 de Coal-tar, auxquelles il ajoutait divers sels métalliques efficaces qui manquent dans la préparation de M. Corne ; que M. Bayard, *en* 1848, avait également fait breveter un mélange de plâtre et de Coal-tar dans le but d'arriver à la désinfection des matières fécales, etc., etc. ; que tous ces mélanges ont été reconnus impropres par la pratique et depuis abandonnés.

Cette variabilité dans la composition et la richesse en huiles essentielles des goudrons reconnue, examinons (en laissant de côté la nature incertaine de la poudre de MM. Corne et Demeaux, et en admettant une composition constante des Coal-tars), la valeur réelle de la nouvelle invention au point de vue thérapeutique.

Plusieurs antériorités ont été produites contre MM. Corne et Demeaux : celle de M. Siret, etc., etc. ; plusieurs substances depuis longtemps connues (les tannins, les sels de plomb, la créosote, etc.) ont en outre été citées comme pouvant produire des effets analogues à ceux de la poudre du Coal-tar, qui n'aurait ainsi sur les substances précitées aucune supériorité.

En conséquence des opinions diverses émises, faut-il attribuer au nouveau topique de MM. Corne et Demeaux un mérite nouveau et une valeur réelle ?

Oui, selon moi, car :

C'est bien moins en vertu uniquement de ses principes constitutifs que la poudre de M. Corne et Demeaux cicatrice et guérit les plaies, qu'*en vertu de la division* très-grande des huiles essentielles, *au moyen d'un corps inerte*, que ces résultats sont obtenus, l'effet produit étant alors analogue à celui des sels métalliques vénéneux qui tuent ou guérissent suivant la dose administrée.

Qu'est-ce en effet que le goudron de houille ?

C'est l'amalgame, produit par la distillation de la houille destinée à la fabrication du gaz d'éclairage, d'*un grand nombre* d'huiles essentielles diverses avec du charbon et des substances résineuses, affectant un état plus ou moins solide suivant les températures.

Or, parmi ces huiles, *un cinquième* environ d'entr'elles sont des *huiles essentielles saponifiables, très corrosives et vénéneuses*, et les autres, des carbures d'hydrogène qui, quoique insaponifiables, agissent néanmoins avec énergie sur les tissus organiques.

En employant donc, soit les huiles seules ou additionnées de sels métalliques, soit la créosote, le goudron pur, ou les huiles de bois, etc., on n'obtiendrait assurément pas les résultats produits par la *division* du goudron de houille, au moyen du plâtre, proposé par MM. Corne et Demeaux, attendu que ces huiles corrosives et ces sels métalliques, souvent acides, se trouvant alors en contact immédiat avec les plaies, les désinfecteraient bien, à la vérité, mais corroderaient ensuite ou produiraient de graves inflammations. (Des huiles saponifiables qui m'étaient tombées sur le pied sans que je les sentisse d'abord, me l'ont promptement enflammé et tellement cautérisé que j'ai été obligé de garder le lit pendant huit jours.)

Quant aux substances tannantes qui peuvent aussi prévenir la putréfaction : elles n'agiraient assurément pas sur les plaies avec la même efficacité que le goudron divisé, attendu que les huiles que renferme le goudron doivent non-seulement agir en vertu de l'ozone que M. Dumas, d'après Schœnbein, pense, peut-être avec raison, qu'elles produisent, mais encore en vertu de la propriété qu'elles possèdent, de *tanner* également les substances animales : action qu'elles produisent, non comme l'acide tannique, en formant avec la gélatine un corps insoluble, mais en resserrant les pores des tissus qu'elles rapprochent et *soudent* presque ensemble (1) ; c'est pourquoi l'emploi, soit de la poudre de M. Corne ou de toute autre prépara‑ tion dans lesquelles entreraient des huiles essentielles, pour arrêter les effets produits par une brûlure, ne ferait qu'augmenter la *douleur et l'inflammation*.

Les propriétés *de la division* du goudron de houille au moyen du plâtre, reconnues et admises *sans antériorité* d'applications médica‑ les jusqu'ici opposable à MM. Corne et Demeaux, examinons actuel‑ lement la nature de mes prétentions et la valeur de l'antériorité que je réclame.

Toutes les preuves que j'ai à donner reposant sur des *pièces au‑ thentiques*, il sera facile d'en vérifier l'exactitude et de juger de leur mérite.

Le 17 *mars* 1856, je découvris que toutes les huiles de houille contenaient deux espèces générales d'huiles : les unes *acides et sa‑ ponifiables* et les autres *insaponifiables*.

Je reconnus que toutes les huiles saponifiables (que l'on pouvait extraire *immédiatement* des huiles essentielles au moyen des alcalis caustiques et *sans distillation préalable*, ainsi que le recommandaient auparavant tous les savants), pouvaient, *bien que de natures diver‑ ses*, se transformer sous l'influence de l'acide nitrique, en matière colorante jaune, analogue à celle de l'acide picrique. Je vins en conséquence me faire breveter pour : une nouvelle fabrication com‑ merciale d'acide picrique au moyen de *toutes les huiles solubles dans les alcalis caustiques, substituées* soit à l'emploi des huiles de houille, passant à la distillation entre 150 et 200 degrés, soit à celui de *l'acide phénique pur*, indiqué auparavant par Runge et Laurent, et recommandés depuis par tous les savants (2).

---

(1) *Nota*. Que l'on mette des chairs ou du cuir dans les huiles de houille ou dans du *phénate de soude*, les premières deviendront très‑dures après leur exposition à l'air et le second deviendra presque aussi cassant que le bois.

Je n'ai trouvé cette propriété des phénates (je connaissais celle des huiles, qui est *moins active*) que parce qu'à chaque fabrication nouvelle de produits, mes mains devenaient ensuite aussi dures que du cuir.

(2) Un kilogramme d'acide phénique obtenu d'après les prescriptions de Laurent, revient à plus de 50 fr. le kil., tandis que les *huiles saponifia‑ bles* (qui, selon moi, *jouissent des mêmes propriétés antiputrides* que l'acide phénique et qui produisent presqu'autant de matières colorantes que l'a‑ cide phénique) ne reviennent qu'à 0.50 c., quand elles ne reviennent pas à *rien* ou ne rapportent même pas *un bénéfice*.

Plus tard, frappé des propriétés *tannantes* et conservatrices que possédaient les *sels alcalins* formés par les huiles saponifiables, je repris à la date du :

15 *juillet* 1857, un nouveau brevet d'invention, que je perfectionnai encore le 14 *juillet* 1858, ayant pour objet :

1° La conservation, l'imperméabilisation (tannage des cuirs) et la coloration de toutes les substances animales inertes.

2° La destruction des substances animales vivantes et la préservation de futurs insectes.

Après avoir indiqué que la base fondamentale des susdits brevets consiste : 1° Dans la *séparation instantanée des huiles saponifiables* d'avec les huiles insaponifiables, contenues dans la masse générale des huiles essentielles ; 2° dans les *applications raisonnées* des différentes huiles séparées, soit à leur état naturel, soit à celui de transformation ; 3° dans la *rectification des huiles essentielles minérales et végétales*, obtenue au moyen des alcalis caustiques ;

J'ajoutais :

Qu'on ne devrait pas s'étonner si j'indiquais dans mes brevets quelques applications des huiles essentielles qui avaient été déjà signalées et *ne paraîtraient point nouvelles* sans cette division par moi faite des huiles essentielles en huiles saponifiables *vénéneuses* et *corrosives* et en huiles insaponifiables ou *neutres*.

Après avoir fait connaître que *toutes* les huiles saponifiables et neutres sont *solubles en partie dans l'eau* (environ cinq millièmes) à laquelle elles communiquent alors leur vertu conservatrice ou destructive,

J'appelais l'attention DE LA MÉDECINE sur les propriétés remarquables DES SELS formés par les huiles saponifiables, sels dont jusque-là *personne ne s'était encore occupé* au point de vue de leurs propriétés thérapeutiques, et :

Je signalais l'aptitude des huiles saponifiables pour L'ABSORPTION DES ODEURS PUTRIDES et la DESTRUCTION DES MIASMES !

J'indiquais alors quatre procédés différents pour obtenir tous les résultats que j'indiquais, savoir :

1° Celui de l'immersion ;

L'immense différence qu'il y a entre mon procédé et ceux de Runge ou de Laurent provient de ce que ces savants n'extrayaient l'acide phénique que *des seules huiles* ayant distillé entre 150 et 200^d, huiles qui sont LES PLUS LÉGÈRES des huiles de houille, puisqu'elles ne pèsent que 0.925 (l'*eau* étant prise pour unité) et ne forment que la *trente-sixième* partie de la masse générale des huiles produites par une distillation, tandis que je m'empare, au contraire, *de tout l'acide phénique* contenu d'abord dans cette partie et en outre de celui qui se trouve encore dans *les 35 autres* parties *rejetées* par Laurent et qui se trouve en *plus grande abondance* dans ces huiles rejetées que dans les huiles choisies par les savants.

Qu'en outre, je recueille également *toutes les autres huiles* acides (elles sont beaucoup plus abondantes que l'acide phénique) contenues dans les huiles de houille, en sorte que là où Runge et Laurent n'obtenaient qu'*un*, j'obtiens 15 ou 20 et que *j'améliore* ensuite les huiles en les *allégeant* par la séparation de toutes ces huiles acides qui sont toujours *les plus lourdes*, tandis que Runge et Laurent les rendent *plus pesantes* en ne se servant que des huiles les plus légères pour la production de leur acide.

2° Celui de la fumigation et de l'évaporation spontanée ;

3° Celui de la dissolution aqueuse des huiles essentielles (*un pour cent d'huile* sur cent parties d'eau) ;

4° CELUI DE LA DIVISION DES HUILES AU MOYEN DES CORPS INERTES, tels que sable, terres, sciure de bois, craie, fécule, etc., etc., qui ne devront, ajoutais-je, n'être imprégnées d'huiles essentielles que de manière toutefois à ce que ces corps inertes ne soient ni pâteux, *ni trop imbibés*, et qu'on ait le soin de *renouveler souvent* les huiles ainsi divisées afin *d'enlever l'humidité que ces corps inertes absorbent.*

Les applications des huiles essentielles indiquées par moi étaient : outre la conservation des substances animales inertes, ou la destruction des substances animales vivantes, celle de pouvoir assainir (au moyen de dissolutions aqueuses des huiles essentielles) tous les locaux où il y a agglomératon de personnes ; (hôpitaux, casernes, écoles, etc.), celle encore d'être propre aux *embaumements* des corps ; à la préservation *de futures émanations putrides* et celle également de pouvoir servir *en mille circonstances en médecine* pour remplacer les dissolutions *d'acétate* de *plomb*, de *tannin* ou *d'alun*, etc. ; celle ensuite de pouvoir servir au CHAULAGE des graines en remplacement du sulfate de cuivre ou de la chaux jusqu'ici employés.

En outre encore :

Je faisais appel *à la bienveillance des médecins* pour essayer l'application des PHÉNATES ALCALINS substitués au nitrate d'argent pour la guérison de *l'ulcère si dangereux*, et presque toujours mortel, qui décime si cruellement les femmes.

Bien que toutes ces applications paraissent très diverses, on reconnaîtra facilement que le but et les résultats obtenus ne sont autres que ceux de la destruction des substances animales vivantes ou la conservation des substances animales inertes.

Passant enfin à la transformation des huiles acides naturelles en acides dérivés par substitution :

Je signalais la propriété remarquable que possède L'ACIDE PICRIQUE ALUNÉ *de précipiter la gélatine*, comme l'acide tannique, et de pouvoir en conséquence lui être substitué pour le *tannage des cuirs* ; résultat qui serait d'un avantage *immense* pour les pays dépourvus de chênes. (Cet acide picrique *aluné* pourrait en outre, suivant moi, être substitué encore au *perchlorure de fer*, employé comme agent hémostatique, à cause de la vertu bien plus énergique qu'il possède de *coaguler l'albumine*).

Tels sont, en très court résumé, mes travaux antérieurs et les applications des huiles tant de houille que de *bois*, de tourbe et de schistes, proposées par moi et que *j'ai fait breveter également en Angleterre en* 1857.

Comme on le voit, il n'y a jusqu'ici, entre le procédé de MM. Corne et Demeaux et les miens, *qu'une seule différence*. C'est que MM. Corne et Demeaux *divisent* le GOUDRON DE HOUILLE au moyen *d'un corps inerte :* le plâtre ; tandis que moi, *je divise* LES HUILES ESSENTIELLES qui proviennent soit des divers goudrons, soit du bois, de la tourbe ou des schistes, au moyen également de *corps inertes* ou que je leur substitue les dissolutions des *sels alcalins* formés par les huiles saponifiables, *que je trouve préférables* en mille circonstances soit à la poudre du coaltar ou à mes huiles divisées.

Qu'on essaye donc mes procédés concurremment avec ceux de MM. Corne et Demeaux, car, à résultat égal, les miens seront bien préférables, puisqu'ils seront *toujours identiques*, et le procédé de MM. Corne et Demeaux ne devra être considéré que comme une *copie imparfaite* de ceux que j'ai fait breveter ; procédés que M. Corne (qui ne s'est fait breveter que le 9 *novembre* 1858) a pu consulter tout à son aise pour modifier, *comme il l'a fait*, son invention et l'approprier à la médecine. (1).

Dans le cas, au contraire, où les huiles essentielles, *divisées au moyen de corps inertes*, auraient une infériorité incontestable, l'invention du coaltar sera bien alors *la découverte exclusive* (en tant qu'appliquée à la médecine) de MM. Corne et Demeaux, que personne n'aura le droit de leur revendiquer.

MM. Corne et Demeaux ont-ils au moins, sur moi, l'antériorité de l'application des produits de la houille pour la *guérison des plaies et blessures* ?

Je ne le pense pas ; car depuis deux ans je ne cesse de prôner, à qui veut m'entendre, toutes les vertus conservatrices et curatives de mes huiles, que j'ai essayées sur moi. Depuis deux ans, je distribue mes brevets imprimés à tous ceux qui veulent bien me faire l'honneur de les accepter, et :

Le 28 mai dernier, j'ai sollicité de M. le Ministre de la guerre qu'il voulût bien nommer *une commission* pour juger et lui faire un rapport sur les vertus *hémostatiques* et curatives des *blessures vives* que possédaient mes phénates de soude, etc., etc. Malheureusement pour moi, M. le Ministre m'a fait savoir (par une lettre en date du 9 *juin dernier*) qu'il ne pouvait accueillir ma demande. (MM. Corne et Demeaux ont pu faire des expériences tout à leur aise, et je les en félicite).

Je ne me suis point rebuté.

J'ai donné alors une petite caisse de mes produits à *M. Delamarre*, qui devait envoyer un de ses rédacteurs en Italie, afin qu'il la remît à qui de droit, enthousiasmé qu'il était qu'on pût arriver efficacement (comme je le lui affirmais) à pouvoir soulager et guérir promptement nos pauvres blessés. (Si le rédacteur de la *Patrie* n'est point parti en Italie, *M. Delamarre* doit avoir encore cette caisse entre les mains).

A la date *du 8 juillet*, j'adressai, en outre, une autre caisse à *M. le baron Larrey*. (J'ai encore mon bulletin d'envoi).

---

(1) NOTA. — Voici quel est le brevet pris le 9 *novembre* 1858, par M. Corne :

On prend du plâtre et du carbonate de chaux qu'on chauffe à 200°, de manière à les rendre *anydres* (sic) ; on y ajoute ensuite de l'oxyde de fer et du *coaltar*, puis du sel marin.

Telle est la substance de son brevet. — Que l'on mette une semblable poudre sur des blessures, et on verra si elles guériront. Ce n'est donc que depuis que M. Corne a retiré la *chaux* produite par son carbonate de chaux chauffé à 200° pour le rendre *anydre*, son oxyde de fer et son sel, que sa poudre est efficace, et je continue à faire observer que rien n'a empêché M. Corne de *pouvoir apprendre mes brevets par cœur*.

En juin dernier, j'ai encore remis moi même à *M. Boulley*, *professeur à l'Ecole vétérinaire d'Alfort*, (qui m'a prié de les remettre au pharmacien en chef de l'École) un demi-kilo d'acide phénique et autant de phénate de soude concentré, ainsi que la copie imprimée de mes brevets.

En avril 1858, j'ai remis à *M. Gaultier de Claubry*, professeur de chimie à l'*Ecole de pharmacie de Paris*, deux kilos de *phénate de soude*. Ce savant professeur a été tellement satisfait des résultats qu'il obtenait, qu'il m'en a redemandé une tourie de 60 kilos (que j'ai portée à son laboratoire, rue de l'Arbalète, près le Jardin des Plantes) pour continuer des expériences, en me promettant d'adresser ensuite un mémoire à l'Académie lorsqu'elles seraient terminées, et que ses occupations le lui permettraient.

Depuis plus d'une année encore, j'ai donné connaissance de tous mes travaux, ainsi que mes brevets imprimés, à *MM. Jaquelain*, qui a déposé un rapport des plus favorables; *Cahours*, qui m'a fait l'honneur de m'adresser *deux lettres* flatteuses d'approbation de mes travaux; à *M. Dumas*, qui a bien voulu me recevoir en août 1858, dans son laboratoire de la Sorbonne, pour lui faire part des résultats obtenus par moi.

CONCLUSION.

1° La poudre du coal-tar n'étant point une composition d'éléments *définis* et *constants*, ne donnera toujours que des résultats variés et imprévus.

2° *Les phénates alcalins dilués*, et même jusqu'à 6 ou 10 degrés de concentration (plus concentrés ils se décomposent sous l'influence de l'eau en reconstituant un ou des acides) doivent fixer sérieusement l'attention de la médecine et *être préférés à tout autre topique* à cause de leur emploi facile, prompt et peu coûteux.

Tels sont, Monsieur le Rapporteur, les documents que j'ai l'honneur de vous communiquer, et que j'appuie, en vous les transmettant, de la copie imprimée de mes brevets et en particulier du *brevet d'addition synthétique* pris par moi le 14 juillet 1858.

Recevez, Monsieur le Rapporteur, l'assurance de mes sentiments respectueux.

Paris, le 9 septembre 1859.   BOBŒUF,
81, Faubourg Saint-Denis.

Paris.— Imprimerie de E. Brière, rue Saint-Honoré, 257.